安安全全的核电厂之旅：

核 电 探 秘

生态环境部核与辐射安全中心　著

中国原子能出版社

图书在版编目（CIP）数据

核电探秘 / 生态环境部核与辐射安全中心著 . -- 北京：中国原子能出版社，2022.11（2024.7重印）
（安安全全的核电厂之旅）
ISBN 978-7-5221-2402-5

Ⅰ . ①核… Ⅱ . ①生… Ⅲ . ①核电工业—普及读物
Ⅳ . ① TL-49

中国版本图书馆 CIP 数据核字 (2022) 第 231768 号

安安全全的核电厂之旅：核电探秘

出版发行 中国原子能出版社（北京市海淀区阜成路 43 号 100048）
策划编辑 付 凯
责任编辑 裘 勖
装帧设计 侯怡璇
责任校对 冯莲凤
责任印制 赵 明
印　　刷 北京富资园科技发展有限公司
经　　销 全国新华书店
开　　本 787 mm × 1092 mm 1/16
印　　张 5
字　　数 125 千字
版　　次 2022 年 11 月第 1 版 2024 年 7 月第 2 次印刷
书　　号 ISBN 978-7-5221-2402-5
定　　价 50.00 元

发行电话：010-88828678

《安安全全的核电厂之旅》系列科普丛书编委会

《核电探秘》编写人员

王桂敏

内容提要

本书讲述了两位小主人公安安和全全在智能机器人核仔的引导下探秘核电厂各主要设备和系统，揭开核电厂神秘面纱的故事。主要内容包括神奇的微观世界——原子、巨大的能量——核能、核燃料的“组装车间”——燃料组件、核电厂的“锅炉调节器”——控制棒、核电厂的“燃烧车间”——压力容器、核电厂里的“海底隧道”——一回路系统、核电厂的“金钟罩”——安全壳、核电厂的动力发“电”——二次水系统。

系列科普书主要人物形象

安安：女，10岁，六年级，成绩优秀，聪明活泼，善于动脑，遇事冷静，有些近视。

全全：男，6岁，安安的邻居和小“跟班儿”，话痨，善良，懂礼貌。

安安妈妈：神奇科学院高级工程师，长发、笑起来眼睛弯弯，性格温和，对待孩子有耐心。但不喜欢做家务，喜欢吃冰糕，喜欢唱歌。

安安爸爸：神奇科学院高级工程师，瘦高，头发茂密，戴着一副高度近视眼镜，喜欢思考与探索。

全全妈妈：教师，性格开朗，爱笑。

全全爸爸：科学家，微胖，敬业，做事一丝不苟、讲究规矩。

神奇科学院院长：个子不高、留着短发，外表看似严厉，实则和蔼可亲，是一位沉稳睿智的科学家。

琪琪：全全同学，娇生惯养，不爱运动，微胖，喜欢穿花花的公主裙。

核仔：智能机器人，浑身白色，体型圆乎乎。

白玫瑰老师：安安的语文老师，姓白，美丽大方，气质温婉，不论春夏秋冬总喜欢着一袭长裙，时而温柔、时而严厉地穿梭在同学们中间，同学们私下起名“白玫瑰”。

大胖：安安的同班同学，憨厚直爽，不喜运动，素爱各种零食。

序

从我国第一颗原子弹、第一颗氢弹、第一艘核潜艇、第一座国产核电站，再到我国自主三代核电“华龙一号”……核科技工业始终是我国战略性高科技产业的重要组成部分。核科学技术已经成为世界高新技术的重要标志。

在“双碳”背景下，核能作为发电过程中不排放温室气体的清洁能源迎来了更大的发展机遇，这对于优化我国能源结构，保障能源供应，实现“双碳”目标，推动生态文明建设意义重大。

尽管核能有多种用途，但是提到核，公众首先想到的仍然是核武器、核电站。事实上，除了安全发电外，核科技如今早已经渗透到了我们生产生活的方方面面，在工业、农业、医学、公共安全、环保等领域有着十分广泛的应用场景。

国务院印发的《全民科学素质行动规划纲要（2021—2035年）》提出，提升科学素质，对于公民树立科学的世界观和方法论，对于增强国家自主创新能力和文化软实力、建设社会主义现代化强国，具有十分重要的意义。《安安全全的核电厂之旅》是一套难得的核能科普系列趣味丛书，其主要针对中小学生的知识水平和认知特点，用通俗易懂的方式讲述科学道理，注重培养义务教育阶段学生的科学素养和创新精神，激发读者求知兴趣，带给读者更多的亲和力，让更多的公众了解核科学，支持核科学事业的发展。

对该系列丛书的出版表示祝贺，并衷心感谢为编辑该系列丛书付出辛苦劳动的各位同仁！

中国工程院院士
中国核工业集团公司科技委副主任
中国核电工程公司专家委主任

前 言

教育部办公厅、中国科协办公厅曾联合印发《关于利用科普资源助推“双减”工作的通知》,强调要提高学生科学素质,促进学生全面健康发展。重视与发展青少年学生群体的科普教育是坚持“四个面向”、适应新发展格局的必由之路。

我们深知青少年科普的重要意义,更知核能科普任重而道远。在编写本丛书时,通过原创性拟人形象,精心设计寓意配图,坚持科学性为本,兼具趣味性和通俗性,努力达到一种平等、有趣的交流效果。四册系列丛书各自独立又有机结合,不仅给读者科普了核电厂构造和发电原理,而且将核电厂的选址、核安全文化、核技术利用等方面的知识巧妙地融进安安和全全姐弟俩的探险之旅中。力图激发青少年对核科学真理的热爱,让公众更加理性认识核,积极支持核,推动核电积极、安全、有序发展。

由于编写时间较紧,编写人员水平有限,书中难免有疏漏与不妥之处,欢迎读者批评指正。

编 者

2022 年 6 月

目 录

难得的假期，安安和全全相约来到海边度假。海特别蓝，映衬着金黄色的细沙滩。安安和全全趴在毯子上，美滋滋地看着自己堆起来的城堡，城堡的旁边放着一只小玩具熊作为守卫，两只漂亮的小海星悠闲地躺在小熊的身边。

突然，全全像发现新大陆似的，指着远处的一座圆柱状半球顶的建筑喊道，“安安，安安，快看那边，像不像我们之前搭的魔法积木？”

“真的耶，那是什么地方啊？走，我们去看看！”好奇心爆棚的安安拽着全全的手腕就跑，全然忘记了自己辛苦搭建的城堡。

爸爸妈妈们互相对视了一下，会心一笑，仿佛他们已经预见到两个孩子会碰到什么……

第一章

神奇的微观世界——原子

安安和全全飞奔到建筑门口，好奇地往里张望。

一个浑身白色、体型圆乎乎的智能机器人从门里面快速移到他们面前，“你们好！欢迎来到核电基地，我是核仔。”

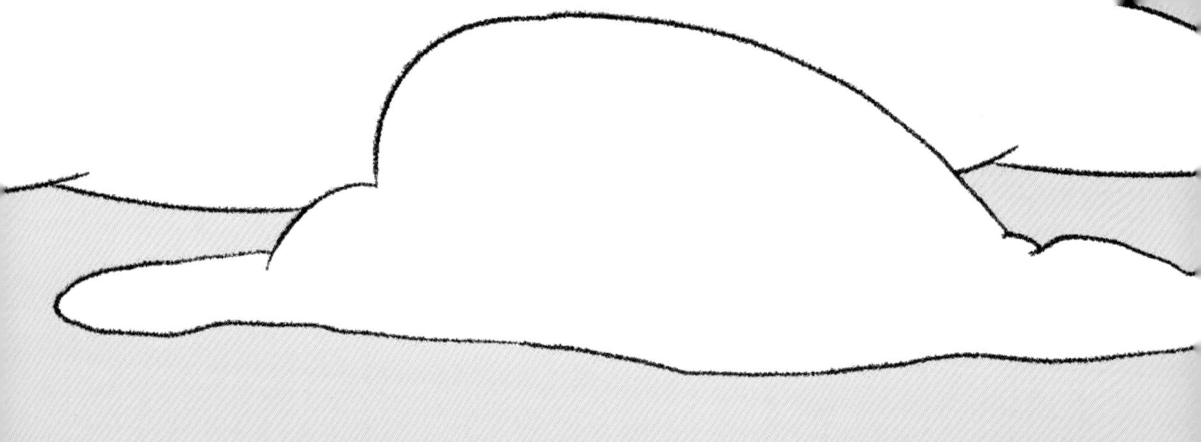

“核仔，你好！这里是核电厂吗？”安安急切地问。

“是的。”核仔回答道。

全全好奇地问安安，“这就是我们搭的核电厂积木吗？”转头又问核仔，“我们能进去看看吗？”

还没等安安回答，核仔面无表情地说道：“这不是积木。”

安安连忙说道：“核仔，你不要误会，全全说的积木是我们之前搭建的核电厂模型，我们不知道里面是什么样子的，你能让我们进去看看吗？”

核仔指向那个圆柱状半球顶建筑说道：“那里就是核电厂最重要的地方，叫核岛。”

说完，核仔的头顶闪现出红红的叉号，“但是那里是不允许进入的，如果你们很想了解核电厂的奥秘，跟我来吧！”

一眨眼的工夫，周围的一切都变了，安安和全全跟着核仔来到了一个奇幻的空间。

“从这里开始，我带你们探索核电奥秘，知道我们现在在哪里吗？”

安安和全全看到眼前有一簇由很多红白小球紧密结合在一起形成的球团。

“这是异形魔方吗？”全全摩拳擦掌，准备一显身手。

“哈哈，可没有那么容易去改变它的形状。我们现在已经进入了原子的微观世界中。”

“微观世界？”俩孩子异口同声地问道。

核仔看着他们疑惑的表情，解释道：“微观世界是相对宏观世界而言的。由大量分子、原子等组成的物体称做宏观物体，这些宏观物体的总和构成了宏观世界。”

安安转了转眼睛说：“那我们生活的世界就是宏观世界喽！”

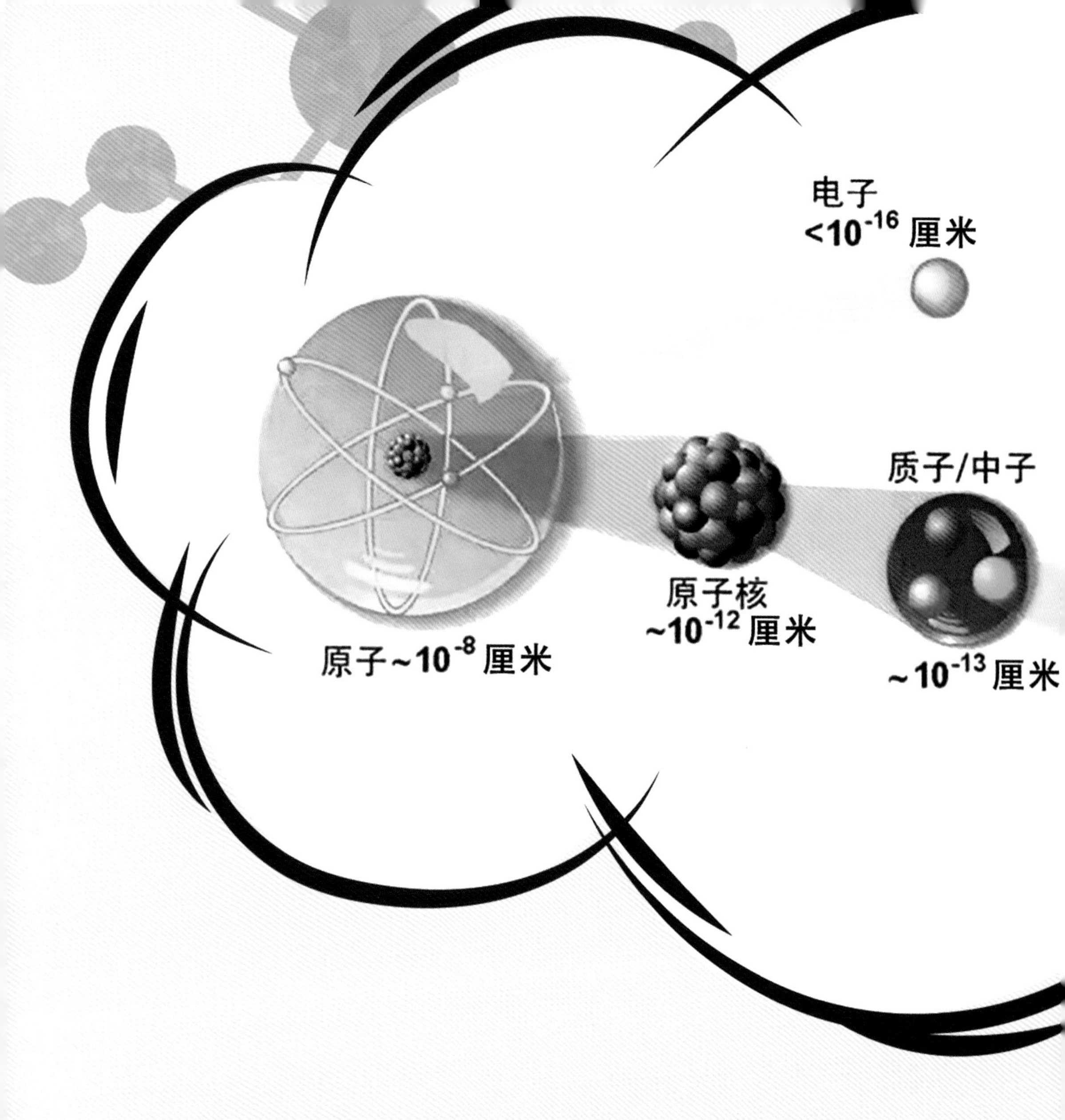

核仔点了点头，接着说道："与此相反，分子、原子、原子核、质子、中子、电子、光子等都称为微观物体。它们的活动规律与宏观世界里的物体活动规律有着很大的区别，它们的世界被称为微观世界。"

全全瞪大了眼睛，"可是，在这原子的微观世界里，除了那个异形魔方，我怎么什么也看不到啊？"

“原子是由原子核和核外电子组成的。你说的这个魔方就是原子核，是原子的核心部分。它的体积只占原子体积的几千亿分之一。如果将原子比作地球，那么原子核相当于棒球场大小。”

“啊？原子核这么小呢？”安安小声嘀咕道。

“你们可别小看这小小的原子核，在它里面集中了原子99.96% 以上的质量呢！”

安安拍了一下脑门说：“我知道啦！核电的核指的就是原子核的核，核电就是用原子核的能量发的电！”

核仔朝安安竖了竖大拇指，然后不知从哪里变出两副望远镜递给安安和全全，又接着说：“原子核外面有超级大的空间，看到了吗？远处在不同轨迹上飞来飞去的是电子。”

全全兴奋地大叫，“看到啦！看到啦！”

小知识

原子和原子核的结构

原子由原子核和核外电子组成，原子非常小，以碳（C）原子为例，其直径约为 140 皮米，也就是 1.4×10^{-7} 毫米，是由位于原子中心的原子核和一些微小的电子组成的，这些电子绕着原子核的中心运动，就像太阳系的行星绕着太阳运行一样。

原子核又由质子和中子组成，占原子质量的绝大部分。原子核带正电，电子带相同量的负电，电子围绕着原子核运动。

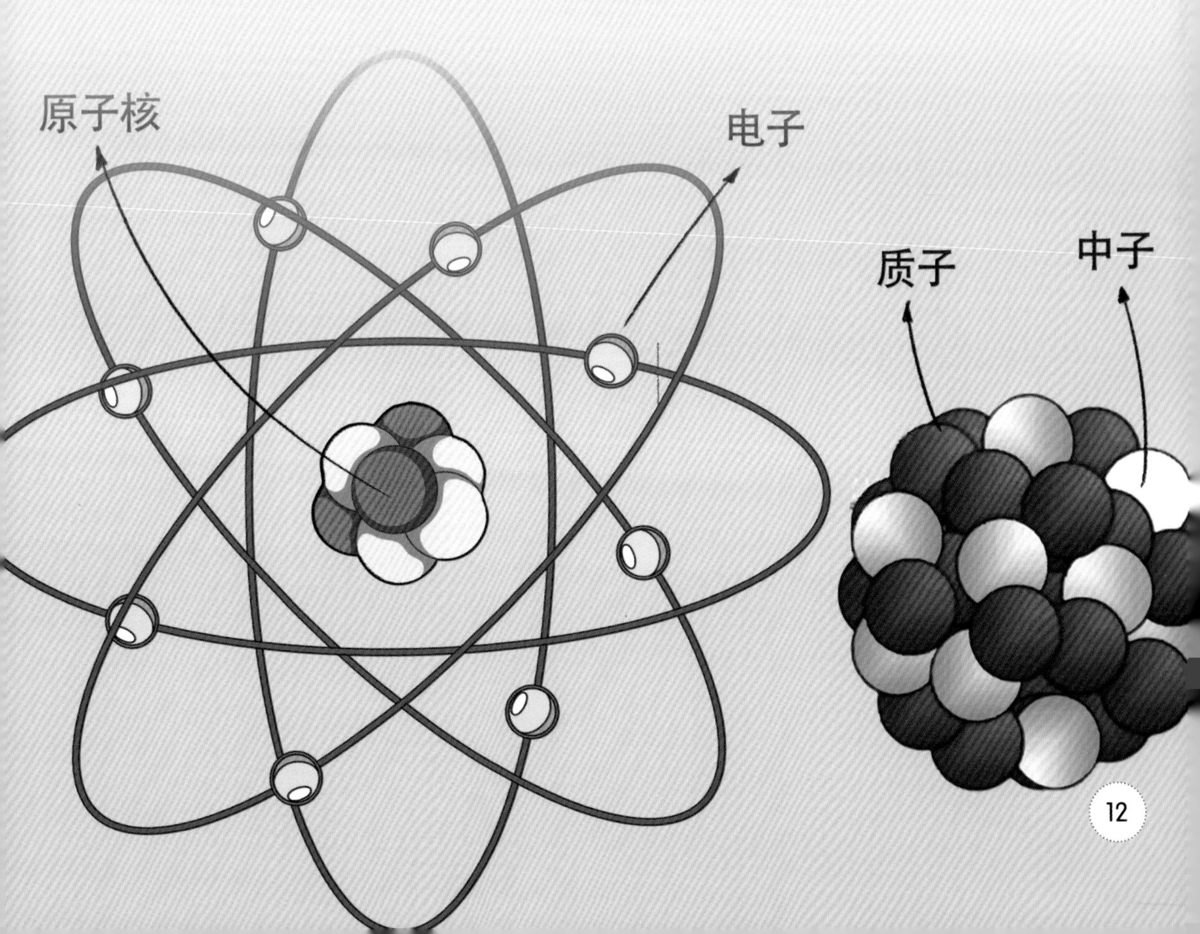

第二章

巨大的能量

“小小的原子核蕴含着大得惊人的能量。”核仔边说，边点开了面前的电子屏，电子屏上出现了一个公式“$E=MC^2$”。

“就是这个质能方程,统一了‘时间’‘空间’,打通了‘质量’‘能量’的任督二脉。按照质能方程，所有物质本身，都蕴含着巨大的能量，量级远远超过常见的动能、化学能范畴。”核仔说。

“那我们每个人不都能成为超人了吗？我怎么感受不到这种能量呢？”全全尝试着像超人一样飞起，跳了两下悻悻地落回原地。

“这些能量一般情况下并不能被利用，只有一种例外，就是质量亏损，亏损的质量转变成能量释放出来。我们今天所要了解的核能就是利用这个‘例外’来产生能量的。”核仔说。

“噢，我明白啦，那就给原子核减减重呗。”安安说着调皮地拿掉了原子核中的一个中子。

瞬间，眼前的原子核开始分裂，一个大的变成了两个小的，同时释放出的几个中子又去撞击分裂出的两个新的原子核，变成四个更小的，四个又变成八个……一直扩散开去。

“这是怎么了？”安安怯生生地问道，觉得自己犯了很大的错误。

“安安，你好聪明，你已经开启了核能释放的开关，这个过程叫作链式裂变反应，每一次分裂后的原子质量加起来都会小于原来的原子质量，哪怕就少了那么一点点，用质能方程算出来那都是天量啊！”核仔说。

“小心！”突然一道射线向着安安和全全的方向袭来，核仔竖起一道盾牌，挡住了射线。

安安和全全吓得惊魂未定，战战兢兢地问道：“那是什么？”

“原子核在裂变过程中释放出的能量，有一部分会以这种伽马射线的形式出现，同时还会释放出许多高能的中子，这就是你们人类所担心的核电厂里的放射性。”

安安问道：“那我们没有盾牌怎么办呢？”

“不同的射线需要不同的盾牌，只要盾牌做得好，防护到位，这点攻击不算什么。”核仔向安安和全全晃了一下手里的盾牌，炫耀地说。

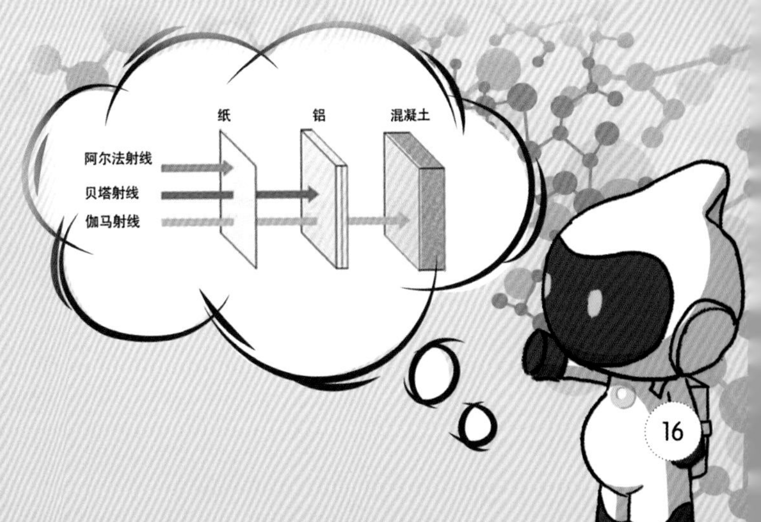

小知识

1.原子核是怎么释放出巨大能量的?

通过中子与原子核的撞击，使得重原子核裂变成为两个较轻的原子，产生裂变能，同时释放出多个中子，而释放出的中子再去撞击其他的原子核，使裂变自动地继续下去，形成链式裂变反应，从而使原子能的大规模利用成为可能。

2. 核电厂产生核裂变的燃料是什么呢?

从理论上来看，所有的放射性元素都可以拿来作核裂变燃料，但因为各种放射性核素在自然界中的含量、取得的难易程度，以及加工成本的不同，使得我们可以选择的余地非常小。在核电厂中裂变燃料选用的是铀，因为铀是自然界唯一大量存在的放射性元素，也是最容易实现可控核裂变的元素。

第二章
核燃料的“组装车间”

“这是哪里？安安姐姐！核仔！你们在吗？”全全不知道自己怎么就被投进了一堆黄色粉末里。

“我在这里！”安安从全全身旁的粉末里钻了出来，甩了甩脑袋，抖掉满头的粉末。

“哈哈，不要惊慌。我们要从核燃料开始，通过自己的能力，去探索核电厂的奥秘喽！”核仔笑眯眯地说：“这个黄色粉末就是我们所说的铀混合物粉末，它就是核电厂的燃料来源！”

正说着，他们还没来得及反应就被倒入了一个大容器里，再出来就被结结实实地烧结在了一个直径 1 厘米、高度 1 厘米的圆柱体里。

“哎哟，卡住了，快拉我一把，让我出来！”安安冲着核仔喊。

核仔坐在圆柱体上，看着在拼命将自己拔出圆柱体的安安和全全，笑着伸出手把他们拉了上来。

安安和全全坐定后，发现他们在一个传送带上，传送带上整整齐齐立着一个个的小圆柱体。

“这些小圆柱体就是烧结成的二氧化铀陶瓷芯块了。”核仔跟安安和全全说。

“为什么要把粉末烧成这样呢？是更坚固吗？”全全问。
“选择这样的方式，是因为高温烧结后，它的大部分微孔不与外面相通。这样就能有效阻止放射性裂变物逸出，把98%的核裂变产生的放射性物质固化起来。所以，燃料芯块就是我们核电厂的第一道安全屏障。”核仔说。

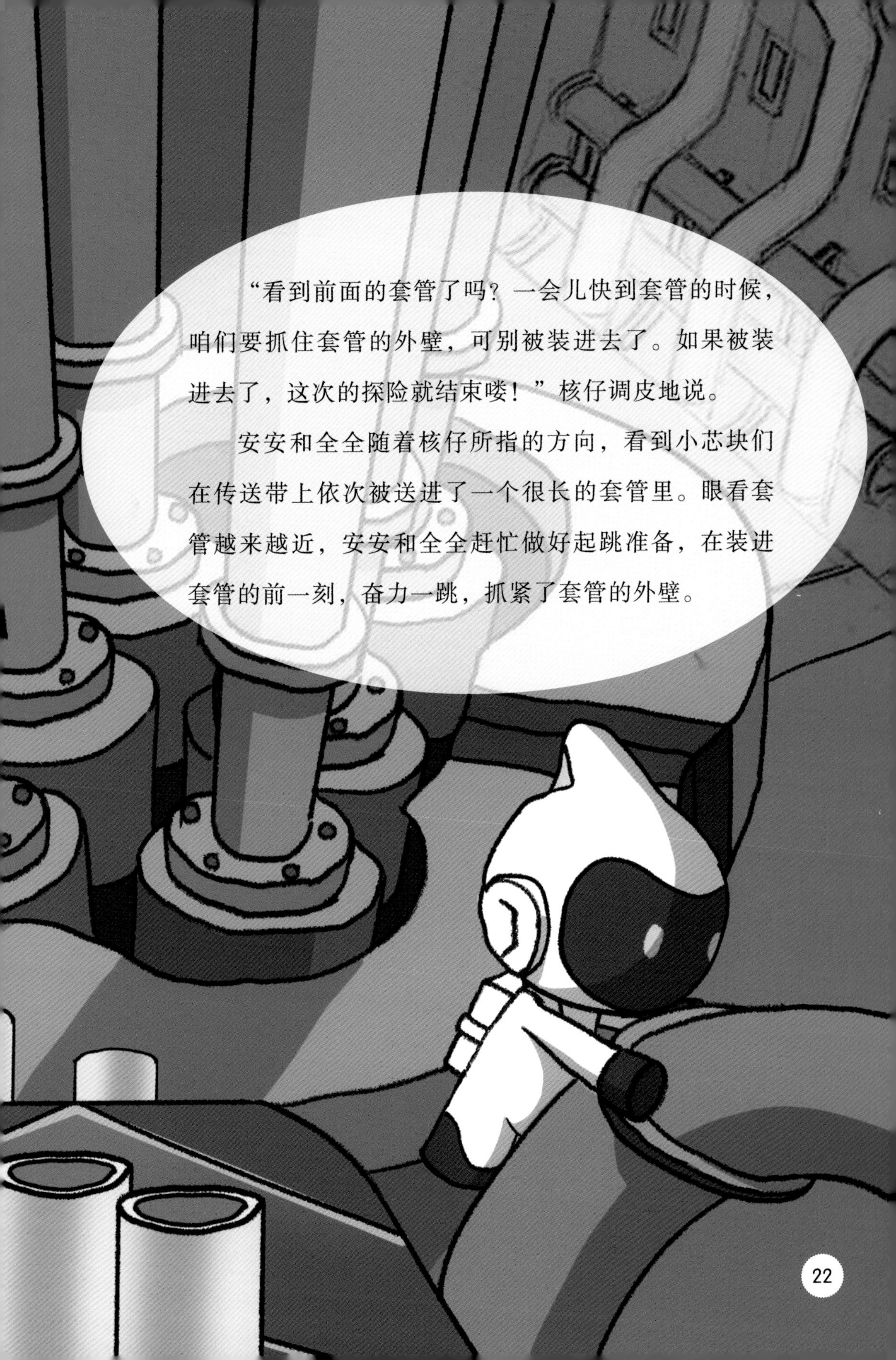

“看到前面的套管了吗？一会儿快到套管的时候，咱们要抓住套管的外壁，可别被装进去了。如果被装进去了，这次的探险就结束喽！”核仔调皮地说。

安安和全全随着核仔所指的方向，看到小芯块们在传送带上依次被送进了一个很长的套管里。眼看套管越来越近，安安和全全赶忙做好起跳准备，在装进套管的前一刻，奋力一跳，抓紧了套管的外壁。

“咻，有惊无险，有惊无险！”安安的脑门已经开始出汗了，长长地出了一口气，“这又是什么操作？”

“这个套管就是燃料包壳，是锆合金材料，直径1厘米，长度大概有4米，能装几百个这样的小芯块，装满后密封起来，这样就制成了一根可以进入反应堆进行‘核燃烧’的燃料棒。燃料包壳可以有效防止裂变产物及放射性物质泄漏出来，它就是我们核电厂的第二道安全屏障。”核仔解释道。

安安和全全看着眼前的套管被装满封好，被立起后夹进了一个格架里，而他们随着套管的立起，被高高地悬挂在了半空中，他们爬上了最近的格架横梁上，眼看着四周不断被很多一模一样的燃料棒包围起来。

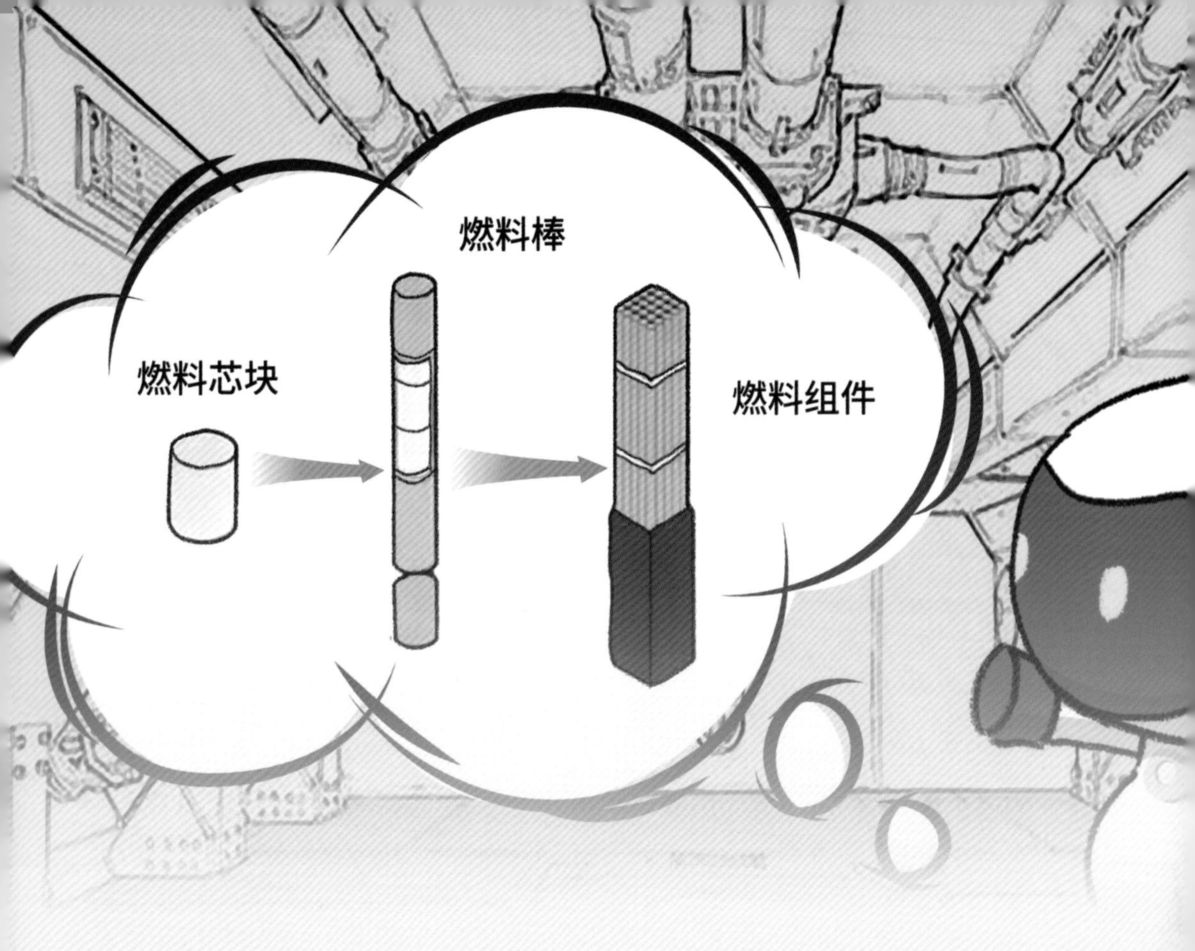

“好高啊，按你刚刚说的，咱们现在得有将近 4 米高，这么多燃料棒都是要放进核电厂里的吗？”安安好奇地问核仔。

“是呀，核电厂里的燃料棒，是先一根根被放入一个 16×16 或者 17×17 或者 18×18 的长方格格架中束缚起来，形成燃料组件，再把多个组件排列好，一般是 157 或 177 组组件，依次放入反应堆的核心，可以理解成‘把多根柴捆绑成一捆柴’一起竖着放进‘炉膛里燃烧’，这里也就是我们所说的堆芯啦，链式反应就在这里进行。”核仔解释说。

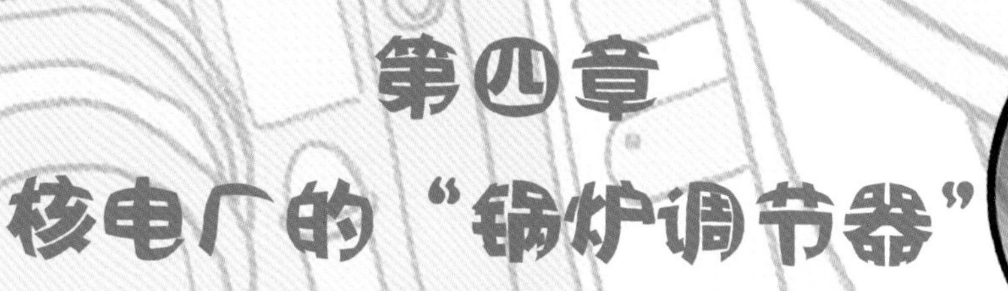

“你们看，这里有根燃料棒怎么不一样啊？它好像是能上下活动的，而且好像不是所有的组件里都有。”全全发现了新大陆一般。

“哈哈，这不是燃料棒，这个称作控制棒，只有一部分燃料组件的导向管内配有这种控制棒组件。”核仔说。

“控制棒？控制什么呢？”全全问道。

“我猜是控制核电厂的‘炉火’大小的，对不对？”安安说。

核仔神秘地笑了，“嗯，你说对了一半。我来打个比方解释一下。核电厂的锅炉是运用核燃料裂变反应释放的能量，但是‘炉火’的大小一定要能受我们控制。”

全全急切地打断核仔的话，“为什么要控制呢？火越大不是越好吗？”

安安白了全全一眼，认真地说：“小傻瓜，火如果不受人类控制的话，后果是非常严重的！”

核仔赞许地点点头：“安安说得很对！不但要控制火的大小，还要控制它燃烧的速度。”

全全不好意思地扮了个鬼脸，“那怎么控制呢？”

核仔继续说道：“控制棒是由硼和镉这些易于吸收中子的材料制成的。控制棒完全插入反应堆底部时，它能够吸收大量中子，阻止链式裂变反应的进行，锅炉就停了；当我们想让锅炉启动时，就把控制棒一点点拔出反应堆底部，随着吸收中子数的减少，锅炉就会启动，而且会随着控制棒的拔出和插入，来控制‘炉火’的大小。所以我们说它就像是反应堆锅炉的‘调节器’。”

安安又问："那怎么调节速度呢？"

核仔说："如果改变反应堆内的中子数和中子密度，就可以改变核反应的剧烈程度，从而改变核反应堆的功率。核潜艇就是用控制棒和化学控制两条途径来控制核反应堆反应速度的，从而使核潜艇做到快慢自如。"

全全兴奋地大喊道："我想起来啦！前几天我还看过一个关于核潜艇的大片儿，核反应堆差点爆炸了！可紧张了！"

核仔说："大片儿里演的核潜艇爆炸是由于堆芯温度过高，锆包壳在高温高压的环境下会与水反应生成氢气，所以呢，是氢气爆炸而不是链式反应的核爆炸。"

安安追问道：“那怎么防止爆炸呢？也是用控制棒吗？”

“对！为了防止核反应堆发生爆炸，核潜艇的控制棒在紧急情况下能够迅速插入堆芯底部，使核反应堆停堆。当冷却系统出现问题后，堆芯的温度就会由于不能迅速冷却而升高，这样，就很可能使核反应堆熔化，甚至爆炸。因此，核潜艇反应堆舱内设有温控系统，当反应堆冷却剂的温度超过允许值时，温控系统将信号传给控制棒驱动机构，控制棒便会在几秒钟内迅速插入堆芯底部，使核反应堆停堆。停堆后的核反应堆逐渐冷却，自然就不会发生爆炸了。”

全全又兴奋起来，“对对对！电影里就是这么演的！当时还不知道叫控制棒呢！现在明白啦！”

第五章
核电厂的“燃烧车间”

正在这时，燃料组件的四周突然升起一道高墙，核仔带着安安和全全攀过一道道的燃料棒，爬上了墙头。

“这道混凝土墙设在燃料组件的外围，是用来阻挡核辐射的吧？”安安用手拍了拍墙说。

“安安说得很对，这个就是屏蔽墙，用来阻止在反应堆运行时产生的大量中子、射线，以及停堆时裂变产物向周围放出射线的。”核仔说。

话音刚落，只听见巨大的“轰隆隆”的声音，墙外又升起了一道结结实实的桶状物，并盖上了盖子，他们被结结实实地包围了起来。瞬间，周围漆黑一片，隐隐约约听到从下方传来流水的声音……

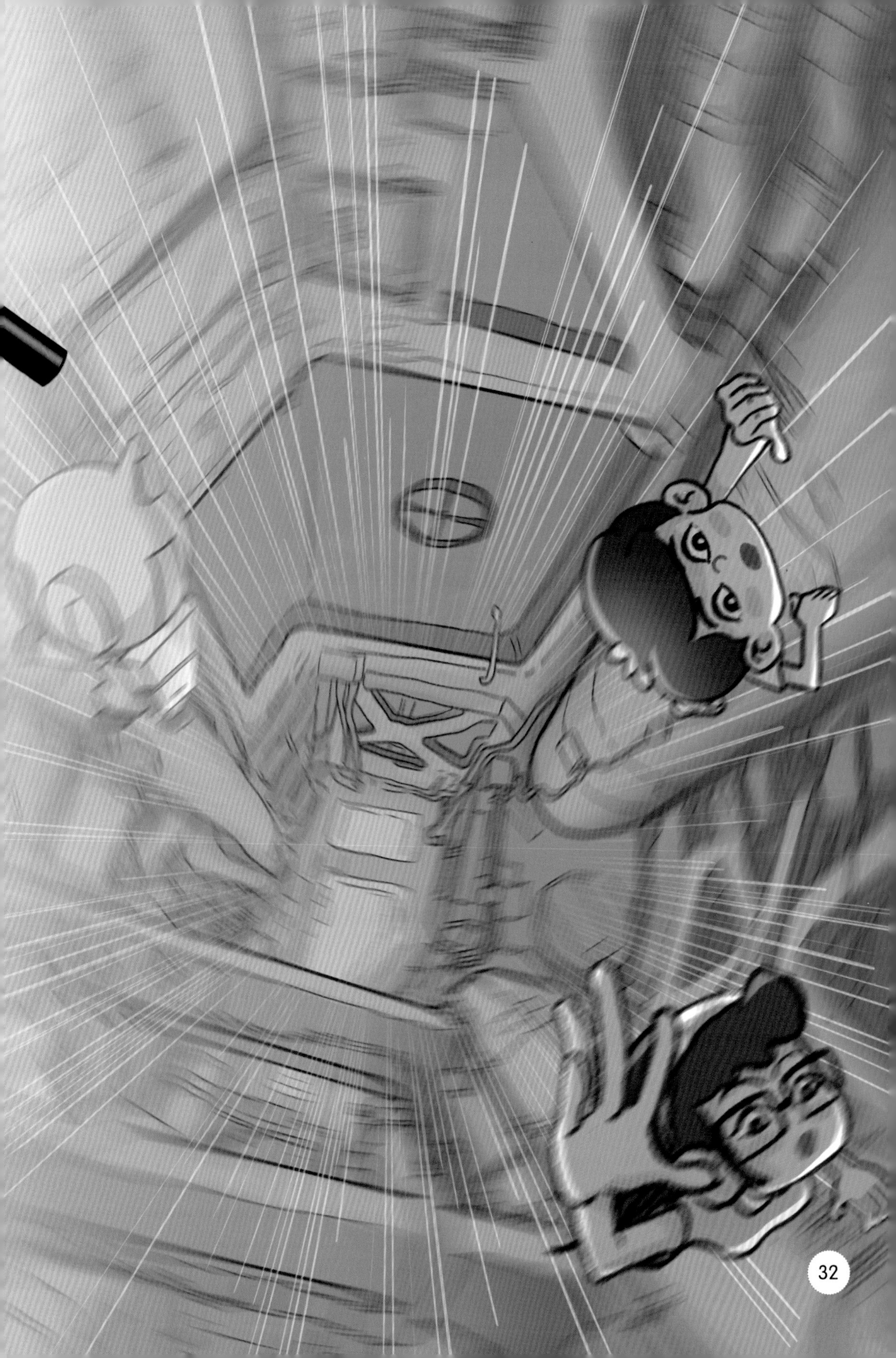

全全吓得大哭起来：“安安姐姐，核仔，你们在哪里？”

核仔不慌不忙地点亮了自己头顶的灯，他们借着光看着脚下渐渐上升的水面。

全全看见光亮，也不哭了，问道：“我们是被封闭在一个容器里了吗？我们还能出去吗？”

“你们有没有感觉这里越来越热了，气压也越来越高，水面好像也在一直上升，我们得赶快想办法出去啊。”安安环视四周，试图找到出口。

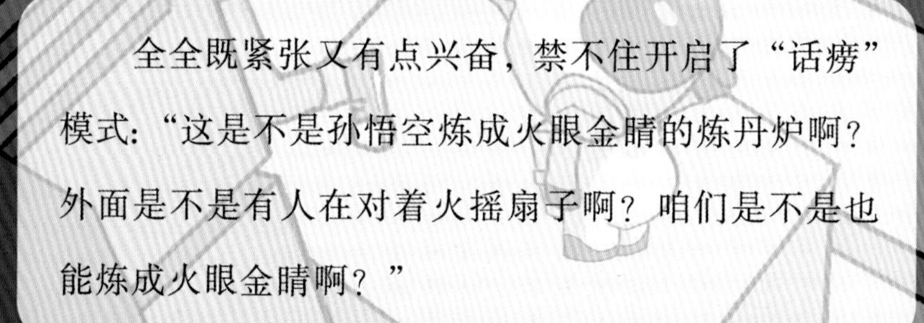

全全既紧张又有点兴奋，禁不住开启了“话痨”模式：“这是不是孙悟空炼成火眼金睛的炼丹炉啊？外面是不是有人在对着火摇扇子啊？咱们是不是也能炼成火眼金睛啊？”

安安连忙把全全从他天马行空的想象中拉了回来，“全全，你可真能想象啊！咱们还是听核仔说吧！”

“我们现在就是被封在了压力容器中，它可是核电厂的核心部件，相当于核电厂的‘燃烧锅炉’。锅炉里放上燃料组件‘柴火’，再操作控制棒启动锅炉，靠核反应释放的热量把这里面的水烧开，烧开的水通过之后一系列的热传导最后转化成电能。”核仔耐心地解释道。

“噢，我好像听明白了！其实核电和煤电最大的差别就在于烧‘锅炉’里的燃料不同，核电是烧核燃料，煤电是烧煤，对吗？”全全的口气里充满了破解科学奥义的喜悦。核仔赞许地冲全全竖起了大拇指。

“那它为什么要叫压力容器呢？跟我们现在感受到的压力有关系吗？”安安对现在所处的环境依然感觉很不安。

“是啊，因为烧开的水会变成大量蒸汽，所以我们才会感觉到这里温度高、压力大。其实真正的压力容器还真像全全说的‘炼丹炉’，压力 15.5 兆帕左右，温度两三百摄氏度，除了孙大圣，一般人可是承受不了的。”核仔开玩笑地说，试图缓解安安的不安。

安安接着问道：“它能承受这么巨大的运行压力吗？”

核仔摆了摆手，“放心吧！压力容器在材质要求、制作、检验及在役检查等方面都比常规压力容器要严格得多。”

安安和全全长长地舒了一口气……
安安在聊天的同时不忘一直在找寻出口，顺着水流的方向，安安突然发现了什么，指着压力容器中部的一处管道口，“你们看！水是从那儿流进来的，那儿就是进水口。”
全全也像发现新大陆一样，指着另一侧的出口，“这个水是流动的，那边还有个出口，我们顺着这流动水走说不定就能出去啦！”
“水对于核电厂非常重要哦！核电厂就是靠水的流动来带走堆芯产生的热量的，敢不敢跟我试试从水里游出去？”核仔神秘地拿出了仿佛早已准备好的潜水设备。

小知识

反应堆压力容器是做什么的？

反应堆压力容器是压水堆核电厂中最关键的设备之一，支承和包容堆芯和堆内部件，它工作在高压（15.5 兆帕左右）、高温含硼酸水介质环境和放射性辐照的条件下，寿命不少于 40 年。

反应堆压力容器由筒体和顶盖两部分组成，一般有钢和抗裂性能及刚度特别强的混凝土两类。

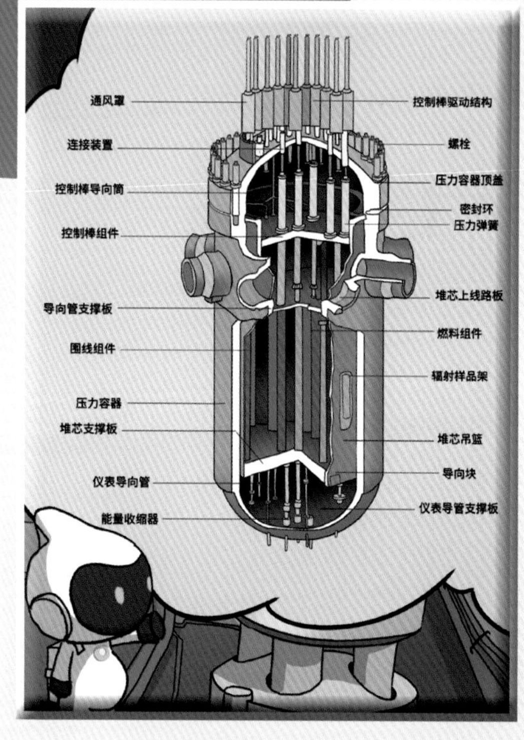

第六章
核电厂里的“海底隧道”

“当然敢！”安安和全全异口同声地回答道。

三人迅速戴好装备，潜入了水中，随着水流的方向，从入口处被带到堆芯底部，又经过堆芯，被吸到了出口处。

“看，我们到出口啦，我们要离开压力容器啦！”安安兴奋地喊道。

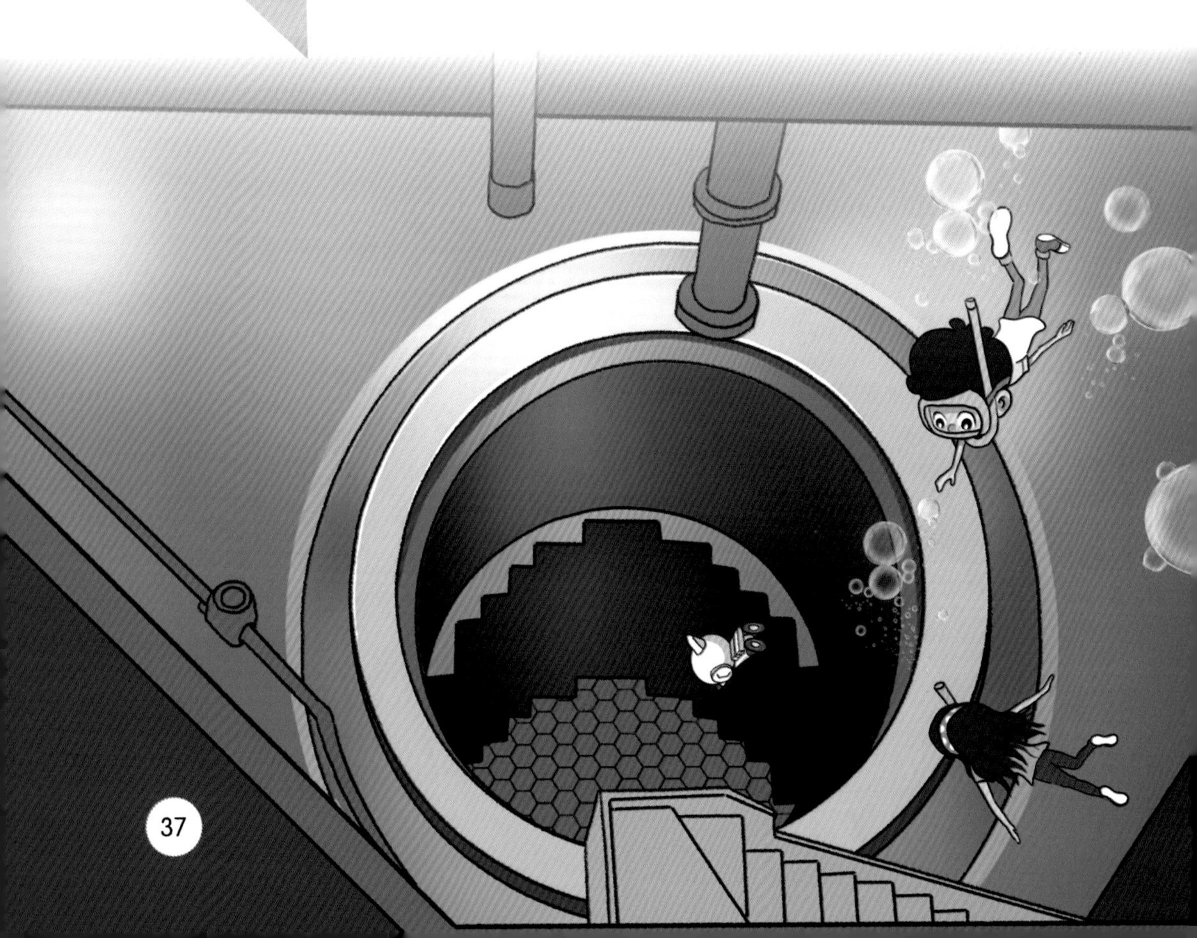

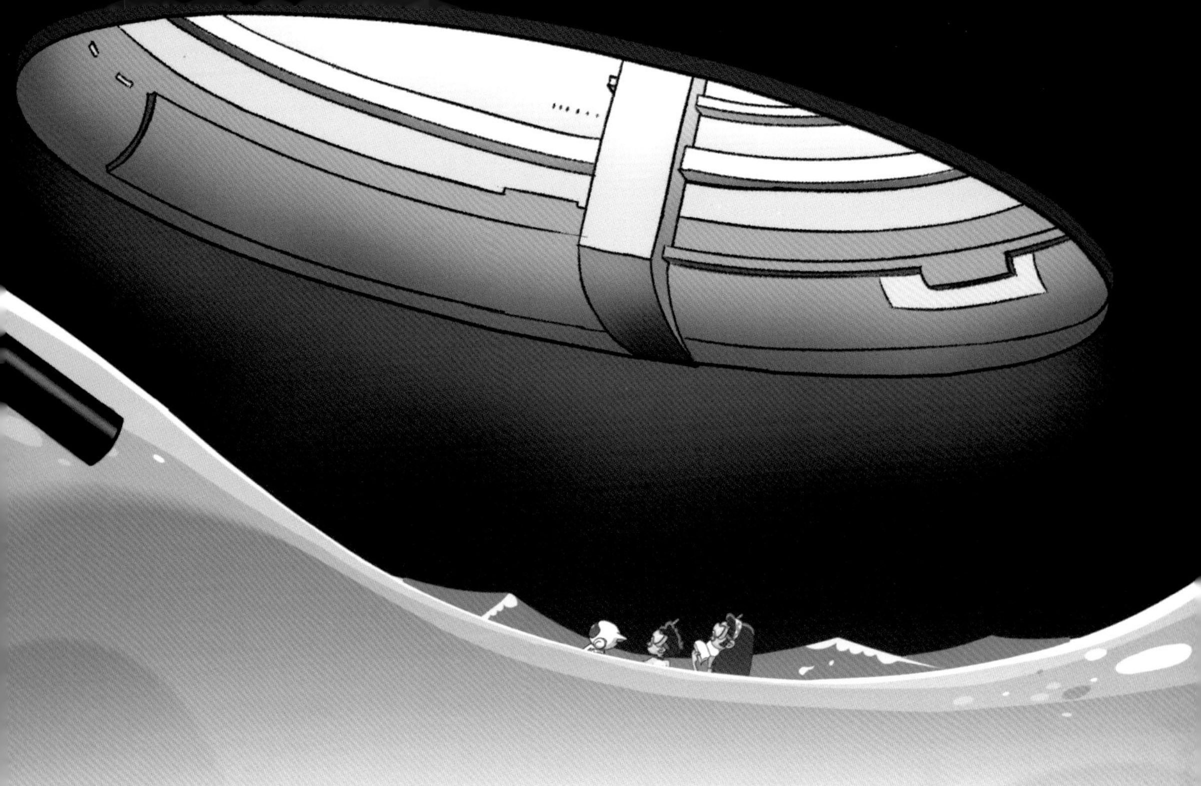

“太棒啦，再不出去要被煮熟啦，越来越热啦！”全全抱怨地说。

“哈哈，这是因为冷却水流过堆芯，带走了堆芯热量，所以水也越来越热了。”核仔解释道。

过了出口，三个人又顺着水流被冲到了一个空心圆柱体里，里面一半水一半汽，三个人从水里露出了小脑袋，看了看四周。

“这是哪里？”全全问。

安安似乎感受到身边气压偶尔的变化，“这里应该是稳压器吧？”

核仔回答道：“对！冷却剂由于有热胀冷缩和其他变化，会引起这个回路里压力的波动，使反应堆的运行工况不稳定。所以，在冷却剂的出口和蒸汽发生器之间安装这个稳压器，这里面有一半是冷却剂，一半是蒸汽，利用蒸汽的压缩比来缓冲压力的波动。”

安安和全全恍然大悟，“噢，原来如此，可是看起来这里也是完全密封的，我们是不是还得继续往前走？”

安安给了两个小伙伴一个眼神，三人又钻回水中，继续沿着水流的方向前进。

三人也不知随着水流漂了多远的路程，突然前方出现了好多小隧洞。

还没等安安和全全反应过来，核仔一手一个将他俩全拉到身边，三人被吸入了同一个隧洞中，玩了一把海底过山车，在隧洞中来了两个大急转弯，终于看到了隧洞出口，“嗖……”地一下腾空后又落到了水面上，几个人长舒一口气。

“太刺激啦！我紧张得手心都冒冷汗了，都感觉不到热了！”安安说。

“哈哈，这可不是吓的，是水温真的降了。刚刚我们穿过的就是蒸汽发生器，它就是一次水和二次水进行热量交换的地方。我们随着一次水的水流进入隧道，那个隧道就是蒸汽发生器的管内，而在管外的是二次水。一次水和二次水就是通过隧道的管壁进行热交换的，由二次水带走一次水的热量，这就是为什么你感觉到水温降了。”核仔转回头看着安安说。

这时，一股巨大的吸力将三人吸进了一个大机器中，三人被一股巨大的力量推着，随着水流向上游去。

“快看，前面有一个出口！”全全的声音还未落，三人已经被水流托起，一下子冲过了出口。

再一抬头，一根根燃料棒映入眼帘，好熟悉的地方！

“我们好像又回到了原点。”安安说。

“怎么会这样，这是个闭环啊！”全全崩溃道。

核仔再也忍不住，大笑起来：“一回路当然是要全封闭，要不放射性不就随着一回路水泄漏出去了嘛！”

“那怎么办？我们出不去了吗？我不要一直待在这里，我要出去！我要找爸爸妈妈！”全全急得就要哭出声来。

安安也有点慌了，急切地看向核仔。

“别急别急。我自有办法让你们出去啊，但是，你们要先回答我的问题，答对了我就让你们通关。”核仔抖了个机灵。

核仔问：“前面我们经过了核电厂的第一道、第二道安全屏障，我们刚刚又经过了核电厂的第三道安全屏障，你们知道第三道安全屏障是什么吗？”

全全停止了哭声，开始和安安一起认真思考起来。

安安想了一会儿，不自信地问：“是咱们刚才这一路漂过来的整个路程吗？”

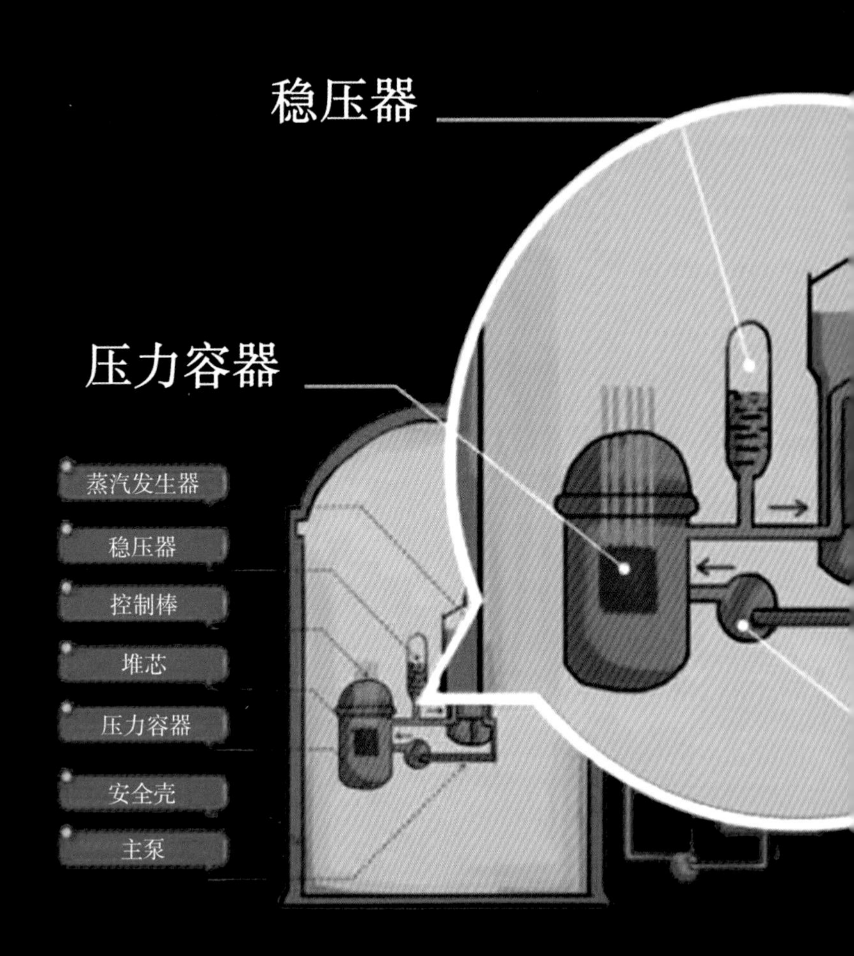

核仔点了点头说道：“对！我们刚才漂过的地方就是一回路，它包括压力容器、蒸汽发生器、主泵、稳压器及连接它们的管道阀门系统，它们都是耐高温、高压和高辐射的，可以承受 200 多个大气压的压力，确保放射性物质不会泄漏出来。从反应堆出来的水在蒸汽发生器中降低温度后，经一回路的循环泵驱动，又回到堆芯继续加热，完成一回路的循环。一回路和压力容器组成第三道安全屏障。”

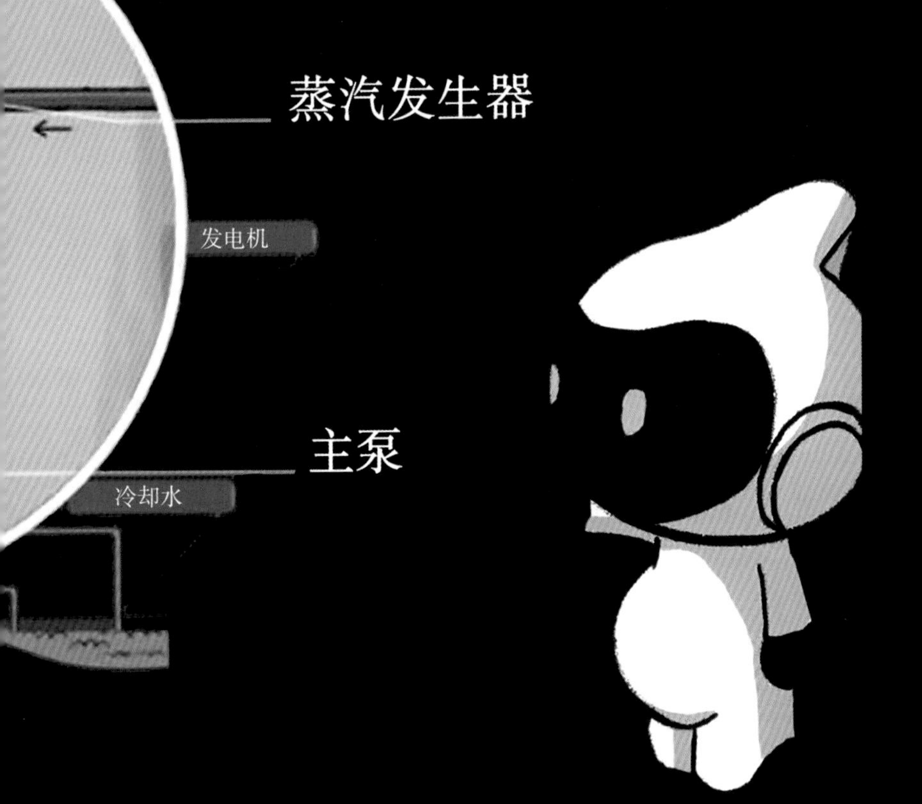

第七章
核电厂的“金钟罩”

“恭喜你们顺利过关，现在我们已经从一回路闭环出来了。”核仔对安安和全全说。

安安和全全听到核仔的话才回过神来，环顾四周，发现他们已经站在了一座直径大概有三四十米的巨大圆柱形建筑物里，抬头望去，建筑物的顶部有六七十米高。

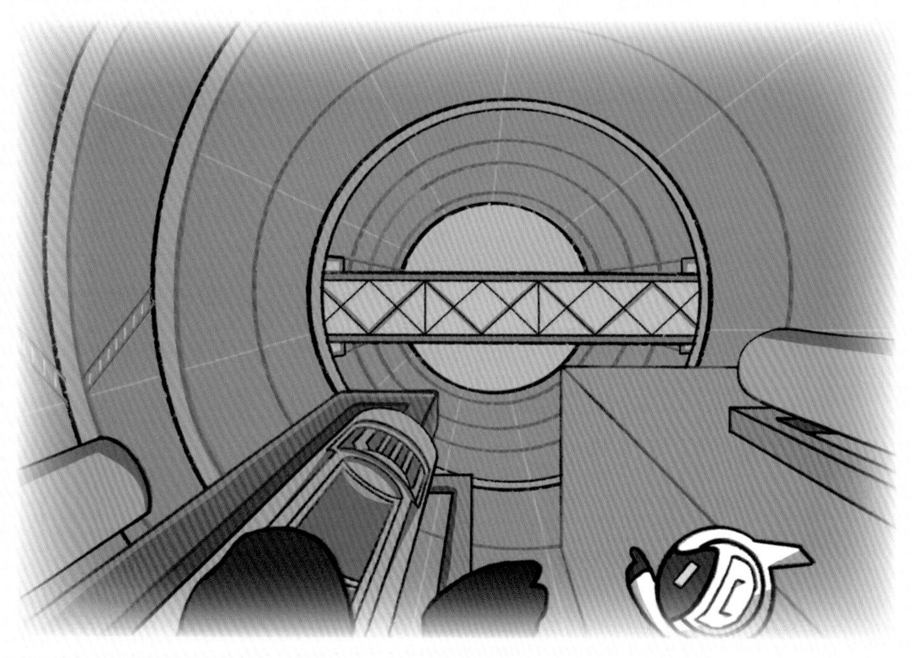

“我们四周走走，仔细看看周围有没有出口。”安安拉着全全往前走，看着周围高高低低各种大块头的设备，转头问核仔：“核仔，这是什么地方啊？有这么多的设备，怎么感觉我们像是被扣在了一个巨大的‘金钟罩’里，还是出不去。”

“你说的这个‘金钟罩’就是核电厂的第四道屏障——安全壳，也就是你们经常听到的核反应堆厂房，它是由又高又厚的钢筋混凝土筑成，非常坚固，我们之前探秘过的地方都安置在这个厂房里呦，只是刚刚我们是在它们内部，现在可以看清它们的‘庐山真面目’喽。”安安全全仔细回忆着之前的旅程，拼凑各种线索，开始了一场厂房找设备的通关游戏。

“核仔，这些设备为什么要被放在这样一个罩子里呢？”全全不解地看向核仔。

“安安刚刚说的‘金钟罩’这个比喻还是很贴切的，安全壳是阻止放射性物质向环境逸散的最后一道屏障。万一反应堆发生严重

事故，放射性物质从我们刚刚走过的一回路里的任何一处漏出，有了安全壳作为屏障，就能防止放射性进入环境，保护厂房外的环境和人员不受影响。”核仔的解答让安安全全理解了这一层层安全屏障的重要性。

“怪不得安全壳要建得这么大这么厚呢！”安安感叹道。

“安全壳的本事大着呢！它里面除了安装有一回路设备，还设有安全注射系统、安全壳喷淋系统、消氢系统、空气净化系统和冷却系统等。安全壳能承受极限事故引起的内压和温度剧增，能够抵御龙卷风、地震，还能够抵御飞机撞击。”核仔神气地说。

全全听了也感叹道：“核电厂为了确保安全，真是作了非常周密的考虑，好几道屏障呢！”

核仔对安安和全全说：“好啦，到这里我们已经完成了核电厂最核心的核岛部分的探秘旅程，接下来我们要去常规岛看看，探究核能发出的电到底是怎么来的。”

小知识

安全壳的作用

压力容器、蒸汽发生器、主循环泵和稳压器等一回路系统和设备都被安置在安全壳内。

在第三代核电机型中有双层安全壳的设计，对于防止放射性物质外泄和外部重物打击能起到更强大的保护作用：一种是一层混凝土（厚 1 米）加一层钢壳（厚 40 毫米）；另一种是双层混凝土（第一层厚约 1 米，第二层厚 60~80 厘米）加钢衬里（6 毫米）。

第八章
核电厂的动力发“电”

“安安、全全，你们说说，发电主要靠什么设备来实现呢？”核仔突然发问。

“当然是发电机啦！”安安应声答道。

“那发电机的动力源又是什么呢？”核仔接着问。

“嗯！刚刚说了常规岛有汽轮机组，那肯定是靠蒸汽喽！”全全抢着说。

“答对啦！那我们就从产生蒸汽的蒸汽发生器开始，开启我们的一段惬意发‘电’观光旅程吧！”

说话间，他们已经坐进了一辆观光有轨缆车里，缆车四面玻璃材质，可以很清晰地看到外面的景色，缆车轨道下是一直向前延伸的管道，管道里的水从脚下流过，汇入了眼前形似倒立的烧瓶的设备中。

“这个设备就是蒸汽发生器了，为了大家能够清晰看到设备里的奥秘，我把所有的设备外观都设置成透明的，真正的设备可都是钢筋铁骨噢。”核仔看向安安和全全，却只见他们俩目光已经完全被面前的设备吸引，也不知道有没有听到核仔的话。

这个设备里有很多管板和倒置 U 型管，U 型管里外都充满了水，上部空间是高温蒸汽。

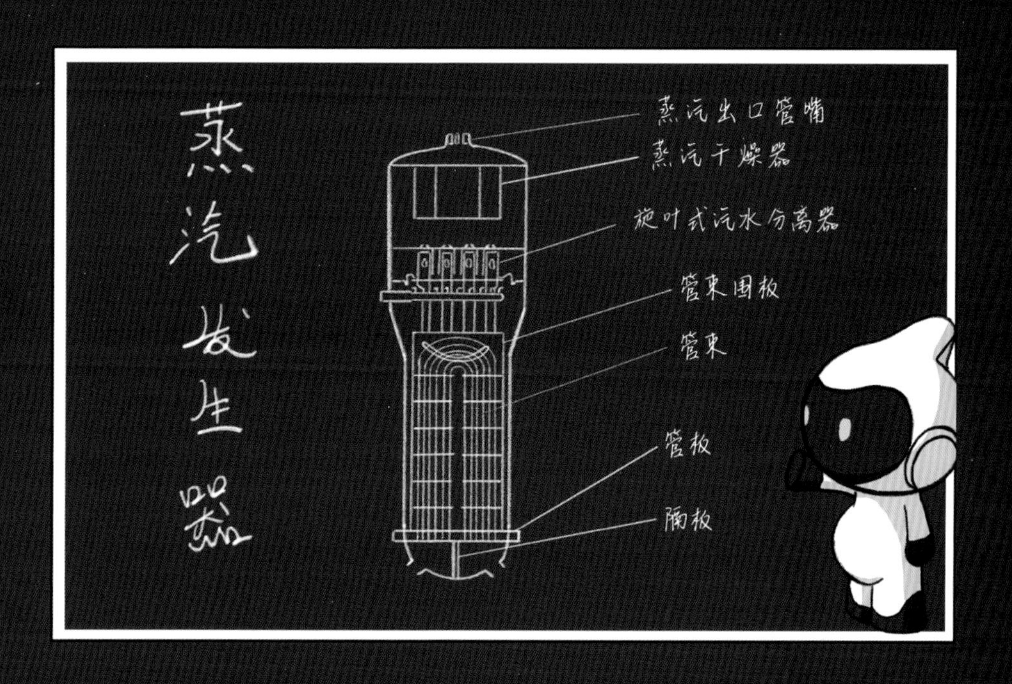

“核仔快看，这个 U 型管子里的水和管子外的水好像进口是不一样的，管子里的水好像是密封在里面的。上面的蒸汽是外面的水蒸发来的吗？”安安转头问核仔。

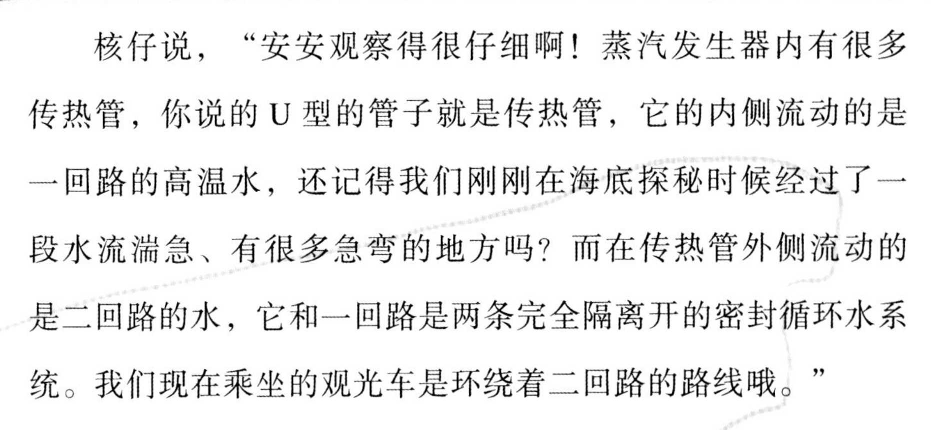

核仔说，“安安观察得很仔细啊！蒸汽发生器内有很多传热管，你说的 U 型的管子就是传热管，它的内侧流动的是一回路的高温水，还记得我们刚刚在海底探秘时候经过了一段水流湍急、有很多急弯的地方吗？而在传热管外侧流动的是二回路的水，它和一回路是两条完全隔离开的密封循环水系统。我们现在乘坐的观光车是环绕着二回路的路线哦。”

“那两个完全各自密封的水回路是怎么产生蒸汽的呢？”全全有些迷惑。

“这也就是蒸汽发生器的作用所在。一、二回路水唯一有交集的地方就在这里。一回路的水流过蒸汽发生器传热管时，将携带的热量传输给二回路内流动的水，从而使二回路的水变成280摄氏度左右、6～7兆帕的高温蒸汽。”核仔耐心地解释道。

这时，他们乘坐的车驶过面前的设备，可以清楚地看到里面的蒸汽也充满了他们脚下正在通过的管道。

“快看，前面就是汽轮机组啦！从蒸汽发生器产生的高温蒸汽，就是去汽轮机做功带动发电机发电的。”核仔说。

“咦？那汽轮机里冒出来的是蒸汽吗？怎么还有跑出来的呢？都用来发电不是就能多发好多电吗？”安安不解地问核仔。

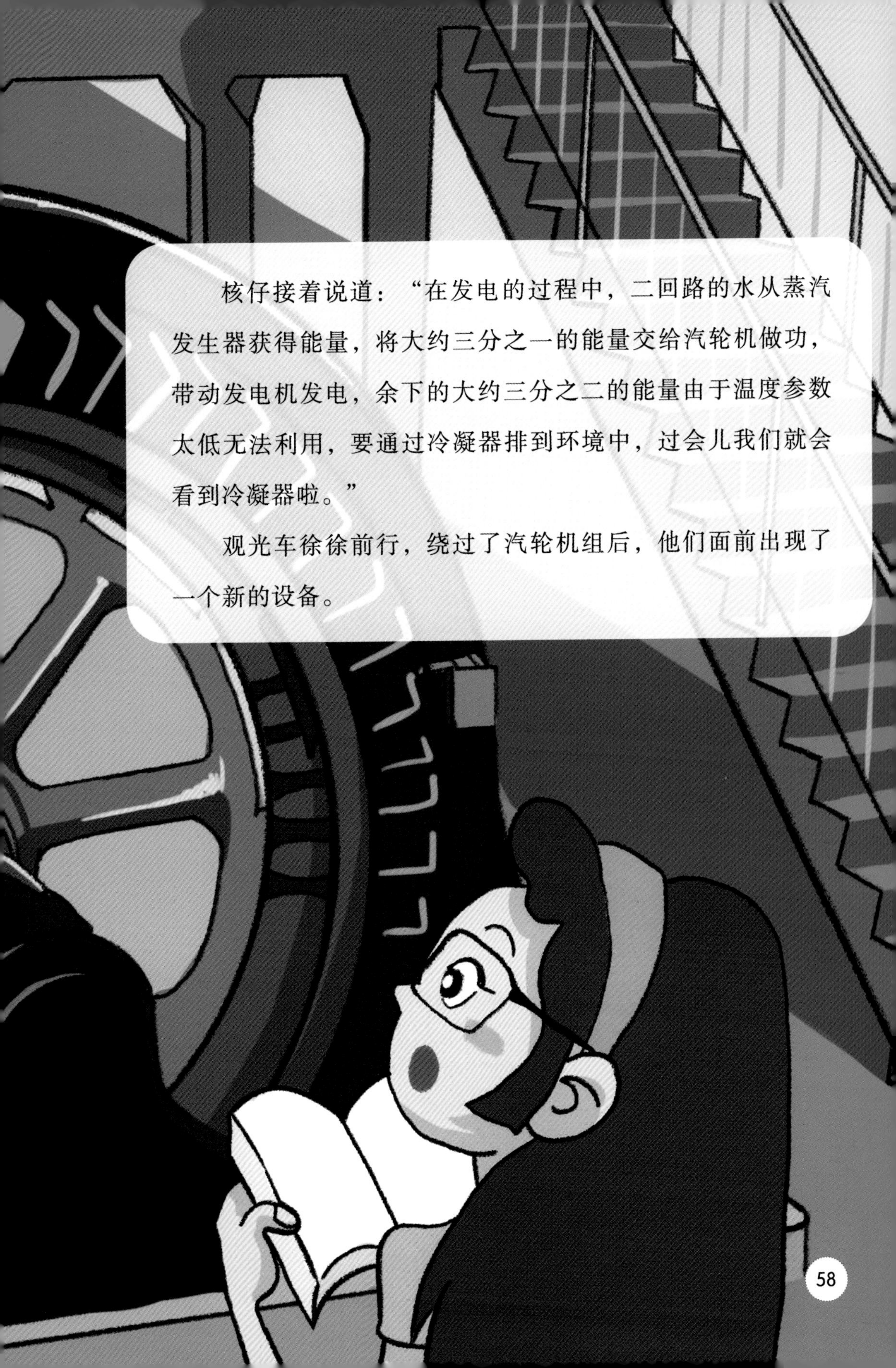

核仔接着说道：“在发电的过程中，二回路的水从蒸汽发生器获得能量，将大约三分之一的能量交给汽轮机做功，带动发电机发电，余下的大约三分之二的能量由于温度参数太低无法利用，要通过冷凝器排到环境中，过会儿我们就会看到冷凝器啦。”

观光车徐徐前行，绕过了汽轮机组后，他们面前出现了一个新的设备。

“这个就是冷凝器吧？怎么看着跟蒸汽发生器似的，也有管道，管道里的水好像也是被封闭在里面的，这个管道也是传热管的作用吗？”全全指着面前的设备说。

“非常正确！这个设备就像它的名字一样，作用就是将汽轮机流出的压力已很低的蒸汽凝结成水，然后再回到蒸汽发生器。冷凝器实质上是二回路与三回路之间的热交换器。”

“热交换器又是什么东西啊？”安安好奇地问道。

“这个问题问得好！我先给你们介绍一下三回路……”核仔话还没说完，“还有三回路呢？”安安和全全同时叫起来。

核仔微笑着说：“有啊，三回路是一个开放式回路，它是通过水泵将海水输送到冷凝器中，在冷凝器里将二回路的蒸汽冷凝成水，之后将热量带出。三回路与二回路的水也是相互隔离开的，只是通过冷凝器内的管壁交换热量。在冷凝器里，三回路的用水流量是很大的，一座 100 万千瓦的压水堆核电厂，三回路每小时需要四十多万吨冷却水。”

核仔刚说完，冷凝器也随着观光车的前行慢慢退出了大家的视野，低头看去，脚下的管道里已经从前一段的蒸汽变成了水流，周围的温度也降低不少。

随着水流的方向，外面景色越来越熟悉，观光车速度也越来越慢，最后停在了观光车的始发点——蒸汽发生器处。

核仔边下车边对安安和全全说：“好啦，发电观光旅程就到这里了，我们的这段旅程其实就是围绕二回路的闭环走了一圈，二回路的水是在由蒸汽发生器、汽轮机、冷凝器组成的密封系统内来回往复流动，是一个不断重复着由水变成高温蒸汽、蒸汽做功、冷凝成水、水又变成高温蒸汽的过程。而在这个重复的过程中，不断产生高温蒸汽，带动汽轮机组做功发电。核电厂的电就是这样产生的，这下你们明白了吗？”

安安和全全一起点了点头，向核仔道完谢，高高兴兴地奔向沙滩……

小知识

蒸汽发生器

是分隔一回路和二回路的关键设备，一回路和二回路通过蒸汽发生器传递热量，蒸汽发生器的本质是一个巨大的换热器。压水堆核电厂由于一回路和二回路互不接触，使得正常运行情况下二回路的蒸汽没有放射性。

压水堆核电厂

压水堆核电厂主要由核岛和常规岛组成。核岛中的四大部件是堆芯、蒸汽发生器、稳压器和主泵。核岛中的系统设备主要包括压水堆本体、一回路系统，以及为支持一回路系统正常运行和保证反应堆安全而设置的辅助系统。常规岛主要包括汽轮机组及二回路系统等。

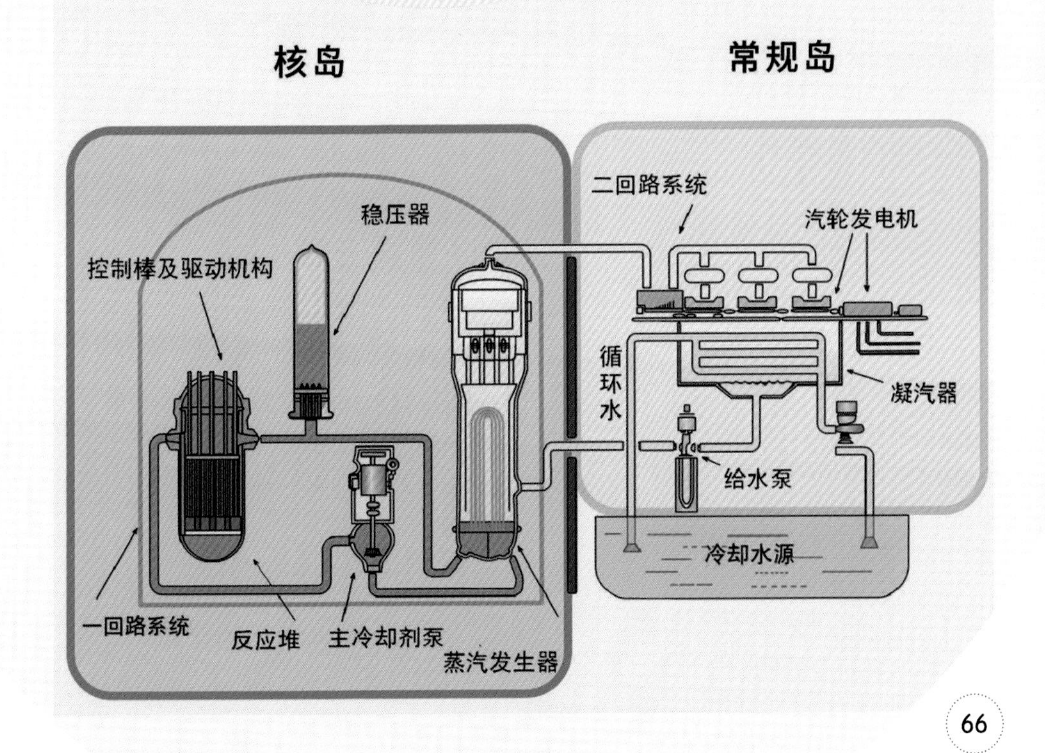